零罪惡感的
減醣甜點

石橋かおり

自信推薦

「想麻煩老師做一些減醣的美味甜點。」

接到這樣的提案,讓我有些猶疑。

真的能做到完全減醣嗎?

既然要做,就一定要做出能讓每個人都覺得好吃的甜點。

秉持這樣的想法,我開始試做減醣甜點。

然而不使用麵粉,麵糰總是鬆垮垮地無法成形,

過程中遇到了許許多多的挫折。

不過,只要在食材的組成比例上下工夫、

再加入其他的原料,

逐漸地,我完成了許多美味的食譜。

我把完成的甜點請親友試吃,

每個人都讚不絕口地說:「這麼好吃,竟然還是減醣甜點!」

超愛吃甜點,但吃了之後又覺得充滿罪惡感,

相信這是很多人的心聲。

不過若是減醣甜點,就可以盡情享用了!

就算節食中也能無負擔地品嚐。

以前我在準備甜點食譜書時,

光試做和試吃的期間,通常就會胖個3公斤左右,

然而在這本食譜的試做期間,我竟然還瘦了2公斤,

自己都嚇了一跳。

書裡選用的都是能隨手取得的食材、能簡單完成的甜點,

任何人都可以馬上開始動手做。

希望各位也都能親手製作減醣甜點,享受其中的樂趣。

石橋かおり

CONTENTS

減醣又好吃！
放進烤箱就能成功的甜點

減醣也可以做出這種層級！
絕品起司蛋糕

最適合送禮！
減醣巧克力甜點

不用烤箱超便利！
超簡單減醣甜點

飯後甜點來一客！
冰鎮低醣類甜點

致本書的讀者：

●食譜中的1小匙為5ml、1大匙為15ml。
●烤箱的加熱時間、溫度依使用的機型不同有所變動。食譜所寫的時間、溫度僅供參考，可再依實際狀況進行調整。
●若無特別標示，微波爐皆以600W為基準。若500W則增加加熱時間至1.2倍、700W則減短時間為0.9倍。微波爐，弱的加熱時間則為200W。
●食譜中的加熱皆以瓦斯爐為準，若使用電磁爐請參考機上的標示調整使用。火候大小若無標示則為中火。

設計	三上祥子(Vaa)
攝影	竹內章雄
造型	曲田有子
料理助理	荻澤智世　高嶋恵
攝影協力	UTUWA
醣類計算	スタジオ食
校正	麦秋アートセンター

減醣甜點 Q & A

減醣飲食既能減肥、還有預防糖尿病的效果，
但究竟該怎麼做呢？減醣甜點真的不是天方夜譚嗎？
各位的疑問，在此一一解答。

1.

Q. 減醣的優點為何？
A. 防止血糖上升，有效預防肥胖、老化。

若平日飲食中攝取過多醣類，血糖便會上升。這不僅會增加罹患糖尿病的風險，
無法化為能量的多餘葡萄糖還會囤積在體內，轉化為脂肪，成為肥胖的原因之
一。此外，過度攝取的醣類會和蛋白質結合，在體內糖化，生產出被稱作AGEs
糖化終產物的低密度脂蛋白，造成人體老化。另一方面，不論攝取多少蛋白質或
脂質，都不會影響血糖值、也不會影響血液中的膽固醇含量。

2.

Q. 減醣飲食應該就不能吃甜點了吧？
A. 只要替換部分食材即可打造減醣甜點。

一般的甜點為了維持甜度都會使用大量的砂糖，而1小匙的砂糖其實就含有3.0g
的醣類。就算以蜂蜜或楓糖漿取代砂糖，含醣量一樣可觀。此外，甜點的主要食
材如麵粉、糯米等穀類，也都是富含醣類的原料。要製作減醣甜點，替換食材是
相當有效的做法。以無醣的甜味劑取代砂糖、以大豆為原料的粉類取代麵粉，立
刻就能達到減醣效果。一般甜點常使用的雞蛋、奶油、生奶油、堅果等食材，原
本的含醣量便很低，可照常使用。只要替換部分的食材，再注意調和的比例，就
能製作出不輸給一般甜點的美味減醣甜點了。

3.

Q. 就算含醣量少， 卡路里還是很高吧？
A. 既然減醣，就不需要再介意卡路里了。

一直以來，人們總是把減肥與控制卡路里畫上等號。然而，若沒有攝取足夠的卡路里，基礎代謝會下降，反而更難瘦下來。進行減醣飲食生活時，因減少了醣類主食，攝取的卡路里也隨之減少，反而必須好好攝取蛋白質、脂質來補足。並不需要刻意避開富含卡路里、脂肪的奶油、鮮奶油、堅果等食材。

4.

Q. 只要避免使用砂糖、穀類就好了嗎？
A. 還有其他許多要特別注意的食材。

雖然我們都知道不適合使用砂糖，但若為了保持甜度而改用蜂蜜、楓糖漿等一樣是高醣質的食材（請參見Q2）來保持甜度，只會讓努力化為泡影。所以我們首先要了解哪些食材含醣量高，就可以避免使用。其中有一個時常在甜點中出現、必須特別注意的食材，那就是「水果」。甜度越高的水果，通常含醣量也都偏高，香蕉就是含醣量非常高的水果。因此在使用水果時，也必須特別注意種類及分量。水果乾、果汁等即便使用量少，含醣量依然偏高，基本上都不要使用為佳。此外，南瓜、番薯、玉米等也都是高醣的食材。

減醣甜點 必備食材

● 羅漢果 S

由葫蘆科的果實「羅漢果」中萃取出高純度精華，加上玉蜀黍發酵取得的「赤蘚糖醇」製成的零卡路里甜味劑。營養成分標示上寫的雖然都是碳水化合物，但其實都是不會影響血糖值的成分，實際上就是零醣類。其甜味與砂糖相近，即便加熱也不會改變其風味，幾乎可以完全取代砂糖來使用。除了顆粒外也有液體包裝，在製作冰品、甜點時可以不用等待溶化直接使用是其優點。

此外，因羅漢果S本身呈淡咖啡色，其顏色有時也會呈現在甜點上，若大量使用，也可能造成再度結晶，吃起來會有顆粒口感，不過品質上是沒有問題的。

羅漢果S
顆粒(130g)
/ SARAYA

羅漢果S
糖漿(280g)
/ SARAYA

在日本健康食品賣場販售的羅漢果S雖然包裝不同，但內容物是相同的。

● 大豆粉

將大豆磨成粉製成的大豆粉，以此替代麵粉來使用，便能達到減醣效果。本書中多採用圖中的大豆粉，它是將整顆大豆磨碎，再以低溫烘焙抑制大豆的腥味。透過大豆粉，可以完整攝取到蛋白質等大豆含有的營養。運用在甜點上，還能感受到些微的大豆風味。

DAIZU LABO 大豆粉
(200g)
/ marukome

● 豆渣粉

將豆渣乾燥後製成的豆渣粉。本書多採用圖中將豆渣磨成粉狀的豆渣粉。每100g便含有38.1g的食物纖維，含量豐富，以此取代麵粉來使用，也可達到減醣效果。除了作為甜點的材料，也可放入優格等平日常吃的餐點中一起品嚐，也能吃到淡淡的大豆風味。

豆漿豆渣粉(120g)
/ kikkoman飲品

● 豆漿

將大豆對水磨碎，再加水燉煮製成。分有能直接品嚐到大豆風味的無調整豆漿（僅以大豆和水製成）及加入砂糖、喝來更順口的調製豆漿。一般而言，調製豆漿比無調整豆漿來得多醣，不過最近也有販售低醣豆漿，可先確認成分標示後再購買。200ml的牛奶含有10.1g的醣類，而同樣200ml的無調整豆漿僅含有6.1g的醣類，以豆漿取代牛奶可達到減醣效果。

減醣甜點 合適食材

● 奶油

100g的奶油僅含有0.2g的醣類，含量相當少。若以減醣飲食減肥，並不需要特別在意卡路里，因此可以照常使用奶油沒有問題。在製作甜點時，基本上都會使用不含鹽奶油。此外，奶油脂肪屬飽和脂肪酸，建議不要攝取過量。

●雞蛋

在減醣料理中相當活躍的雞蛋，不但富含優良蛋白質，一顆蛋的含醣量僅只0.2g，在減醣甜點中也可以任意使用。依製作的甜點不同，所需的雞蛋大小也有所不同，購買時需注意尺寸。

● 鮮奶油

100ml的鮮奶油含醣量僅只3.1g。跟奶油一樣，很多人都會介意卡路里，但只要不攝取過量，照常使用是沒有問題的。

●巧克力

一般的巧克力都含有砂糖，因此含醣量偏高。不過最近也有很多標榜低醣可可豆（HIGH CACAO）製成的巧克力，這樣的巧克力不但含醣量低，其中的可可多酚也對人體健康很有幫助。在製作低醣甜點時請採用這類的巧克力。

● 起司

製作起司蛋糕時不可或缺的奶油起司，100g的含醣量為2.3g，是可以盡量使用也不需在意的低醣食材。本書使用的加工起司、高達起司、茅屋起司都是低醣起司，並富含豐富的蛋白質、鈣質。

●可可粉

不含砂糖、乳製品成分的可可粉，100g的含醣量為18.5g。製作甜點時，如布朗尼 （P.52）的可可粉使用量約為20g，因量並不多，照常使用也沒問題。有了它就能輕鬆打造巧克力風味的甜點了。

● 堅果

杏仁、核桃、腰果、夏威夷豆、開心果等堅果類，每100g的含醣量約為4g～20g左右，依種類有所不同。在低醣甜點中作為提味、裝飾，正常使用沒有問題。也許有人會在意堅果的卡路里或脂肪含量，但堅果富含具有抗氧化功效的維化命E、食物纖維，是相當好的健康食材。

減醣又好吃！

放進烤箱就能成功的甜點

只要依序放入食材、混合，再放入烤箱就能輕鬆完成，
既可享受手作甜點的成就感，又毫無難度。
只要替換部分材料，就能達到減醣效果。

Prends ce chemin

Où vas tu?

混合食材再放入烤箱即可!
不需模具的簡易甜點

手工軟餅乾
Drop Cookies

材料(6～8片)

- 大豆粉…50g
- 泡打粉…1/2小匙
- 鹽…1小撮
- 核桃…40g
- 奶油(無鹽)…30g
- 雞蛋(L尺寸)… 1/2顆
- 羅漢果S…20g
- 香草油…少許

事前準備

・將烤箱預熱至150°C。
・奶油拿出冰箱恢復至室溫溫度。
・將核桃大致切碎。
・在烤盤鋪上烤箱用烘焙紙。

作法

01　將奶油放入攪拌盆,以打蛋器攪拌,加入羅漢果S繼續攪拌,接著再加入打散的蛋汁,持續攪拌,最後再加入香草油,攪拌。

02　混合大豆粉、泡打粉、鹽後,透過篩網篩入攪拌盆,用刮杓攪拌。

03　加入核桃後繼續攪拌,接著將完成的麵糰分成約20g、25g左右的大小,揉成球狀(20g的話約可做成8片,25g約可做成6片)。將球狀麵糰放置於烤盤上,每球之間需保持間隔,再由上將麵糰壓扁成圓形,調整形狀。

04　放入烤箱中層烤20分鐘後,將溫度調降至130°C再烤約30分鐘。當顏色變為金黃色,便可連同烤盤取出,直接放涼即可。

將已放軟至室溫溫度的奶油放入攪拌盆用打蛋器攪拌,加入羅漢果S後繼續攪拌。

將大豆粉、泡打粉、鹽透過篩網篩入盆中。透過篩網可讓粉末平均撒入,更容易烤得好。

為了讓每片餅乾大小均勻,建議可先測量麵糰大小再揉成球狀,接著放置烤盤,從上方壓扁成圓形。

Black Tea Pound Cake

Pound Cake Plain

混入茶葉，香氣加倍
使用伯爵紅茶香烤

磅蛋糕・紅茶
Black Tea Pound Cake

材料（18×7×高6cm的磅蛋糕烤模1個份）

┌ 大豆粉…80g
│ 杏仁粉…30g
└ 泡打粉…10g

紅茶(伯爵茶茶包)…2包(4g)

奶油(無鹽)…70g

雞蛋(L尺寸)…2顆

羅漢果S…60g

事前準備

・烤箱預熱至150°C。

・在磅蛋糕烤模內側塗上薄薄
　一層奶油(材料分量外須另
　備)，鋪上烤箱用烘焙紙。

・奶油拿出冰箱恢復至室溫溫
　度。

・將紅茶茶葉從茶包內取出，
　放入耐熱容器內，加入1又
　1/2大匙的熱水，並用保鮮
　膜包覆起來，如圖{A}。

A

將紅茶茶葉用熱水蒸
熱，再加入麵糰。

作法

01　將奶油放入攪拌盆，以打蛋器攪拌，再加入
　　羅漢果S繼續攪拌。

02　將大豆粉、杏仁粉、泡打粉混合後，透過篩
　　網先篩入1/3的量至盆中，再加入1/3量的打
　　散蛋汁，以打蛋器攪拌。

03　同02分次加入1/3量的粉類與蛋汁，並改用
　　刮杓攪拌。最後再加入剩下的粉類與蛋汁及
　　紅茶茶葉並攪拌，最後再以刮杓從攪拌盆底
　　部向上翻攪。

04　將麵糰放入磅蛋糕烤模中，將表面整理平
　　整，放入烤箱下層烤50～60分鐘。

05　自烤箱取出，不需脫模直接放涼即可。

手作甜點的代表性蛋糕。
簡單卻超有成就感

磅蛋糕・原味
Pound Cake Plain

材料（18×7×高6cm的磅蛋糕烤模1個份）

┌ 大豆粉…80g
│ 杏仁粉…30g
└ 泡打粉…10g

奶油(無鹽)…70g

雞蛋(L尺寸)…2顆

羅漢果S…60g

香草油…少許

事前準備

・同「磅蛋糕・紅茶」(最後一項除外)。

作法

01　將奶油放入攪拌盆，以打蛋器攪拌，加入羅
　　漢果S繼續攪拌，再加入香草油，攪拌。

02　將大豆粉、杏仁粉、泡打粉混合後，透過篩
　　網先篩入1/3的量至盆中，再加入1/3量的打
　　散蛋汁，以打蛋器攪拌。

03　同02分次加入1/3量的粉類與蛋汁，並改用
　　刮杓攪拌，最後再以刮杓從攪拌盆底部向上
　　翻攪。

04　將麵糰放入磅蛋糕烤模中，將表面整理平整
　　後，放入烤箱下層烤50～60分鐘。

05　自烤箱取出，不需脫模直接放涼即可。

將混合好的粉類之1/3
量，以篩網篩入放有奶
油、羅漢果S的攪拌盆
中。

加入1/3量的蛋汁，再用
篩網篩入1/3量的粉類，
分次反覆此一步驟。

13

Green Tea Pound Cake

Cheese Pound Cake

Lemon&Poppy Seed Pound Cake

抹茶與原味，雙色麵糰打造出大理石紋的可愛斷面

磅蛋糕·抹茶 Green Tea Pound Cake

含醣量
（1/8切片）
2.6g

材料（18×7×高6cm的磅蛋糕烤模1個份）

┌ 大豆粉…70g
│ 杏仁粉…30g
└ 泡打粉…10g
┌ 抹茶…1大匙
└ 羅漢果S…10g
奶油(無鹽)…70g
雞蛋(L尺寸)…2顆
豆漿…1大匙
羅漢果S…60g
香草油…少許

事前準備

· 烤箱預熱至150°C。

· 在磅蛋糕烤模內側塗上薄薄一層奶油(材料分量外須另備)，鋪上烤箱用烘焙紙。

· 奶油拿出冰箱恢復至室溫溫度。

· 將2大匙熱水與抹茶及10g的羅漢果S混合，攪拌至滑順狀。

作法

01 將奶油放入攪拌盆，以打蛋器攪拌，加入60g的羅漢果S繼續攪拌，再加入香草油，攪拌。

02 將大豆粉、杏仁粉、泡打粉混合後，透過篩網先篩入1/3的量至盆中，再加入1/3量的打散蛋汁，以打蛋器攪拌。

03 同02分次加入1/3量的粉類與蛋汁，再加入豆漿，並改用刮杓攪拌。最後再以刮杓從攪拌盆底部向上翻攪。

04 將03的麵糰取出100g，混入溶化的抹茶，攪拌。

05 將03與04的麵糰之一半的分量放入烤模，剩下的麵團則放在不同顏色麵糰的上方，再用叉子橫向插入，上下攪拌。

06 將表面整理平整，放入烤箱下層烤50～60分鐘。

07 自烤箱取出，不需脫模直接放涼即可。

烘焙紙折成烤模的形狀，剪開立起部分的折痕，向內折的部分則剪掉一半左右。

將抹茶與羅漢果S混合，再加入熱水使之溶化。

取出100g的麵糰，加入溶化的抹茶，混合攪拌。

用湯匙分別將原味和抹茶的麵糰不規則地放入烤模中。

將叉子橫向插入，由下而上轉圈、攪拌，做出大理石紋。

起司的鹹味恰到好處
不過甜的滋味適合當作早餐享用

含醣量
（1/8 切片）
2.9g

磅蛋糕 · 起司
Cheese Pound Cake

材料（18×7×高6cm的磅蛋糕烤模1個份）

┌ 大豆粉…80g
│ 杏仁粉…30g
└ 泡打粉…10g
高達起司…70g
奶油(無鹽)…70g
雞蛋(L尺寸)… 2顆
羅漢果S…50g
鹽…2/3小匙
香草油…少許
高達起司(裝飾用)…20g

事前準備

· 烤箱預熱至150°C。
· 在磅蛋糕烤模內側塗上薄薄一層奶油
  （材料分量外須另備），鋪上烤箱用烘焙
  紙。
· 奶油拿出冰箱恢復至室溫溫度。
· 將起司削成絲。

作法

01　將奶油放入攪拌盆，以打蛋器攪拌，加入羅漢果S繼續攪拌，再加入香草油、鹽，攪拌。

02　將大豆粉、杏仁粉、泡打粉混合後，透過篩網先篩入1/3的量至盆中，再加入1/3量的打散蛋汁，以打蛋器攪拌。

03　同02分次加入1/3量的粉類與蛋汁，並改用刮杓攪拌。

04　加入起司攪拌，最後再以刮杓從攪拌盆底部向上翻攪。

05　將麵糰放入烤模中，將表面整理平整，於上方撒上裝飾用的起司，放入烤箱下層烤50～60分鐘。

06　自烤箱取出，不需脫模直接放涼即可。

將起司加入麵糰中攪拌。高達起司口味溫和，若使用披薩用起司，則要切得更細。

將麵糰放入烤模後，在中央撒上起司。

檸檬的酸味清爽宜人
罌粟籽的顆粒感更有層次

※ 註：罌粟籽在台灣屬管制毒品，請勿添加使用。本書為忠實呈現原著故無另作修改。

含醣量
（1/8切片）
4.3g

磅蛋糕 · 檸檬 & 罌粟籽
Lemon&Poppy Seed Pound Cake

材料（18×7×高6cm的磅蛋糕烤模1個份）

- 大豆粉⋯100g
- 杏仁粉⋯30g
- 泡打粉⋯1大匙

檸檬(日本產)皮刨屑⋯1顆份

檸檬汁⋯70ml

罌粟籽⋯2小匙

奶油(無鹽)⋯70g

雞蛋(L尺寸)⋯2顆

蛋黃(L尺寸)⋯1顆份

羅漢果S⋯80g

香草油⋯少許

罌粟籽(裝飾用)⋯1～2小匙

事前準備

· 烤箱預熱至150°C。

· 在磅蛋糕烤模內側塗上一層奶油(材料
  分量外須另備)，鋪上烤箱用烘焙紙。

· 奶油拿出冰箱恢復至室溫溫度。

作法

01 將奶油放入攪拌盆，以打蛋器攪拌，加入羅漢果S繼續攪拌，再加入香草油、檸檬皮屑，攪拌。

02 將大豆粉、杏仁粉、泡打粉混合後，透過篩網先篩入1/4的量至盆中，再加入1/3量的打散蛋汁和蛋黃，以打蛋器攪拌。

03 同**02**分次加入1/4的粉類與1/3的蛋汁，並改用刮杓攪拌。

04 加入檸檬汁及剩下的粉類稍作攪拌，最後再以刮杓從攪拌盆底部向上翻攪。再加入罌粟籽，攪拌。

05 將麵糰放入烤模中，表面整理平整，於上方中央撒上裝飾用的罌粟籽，放入烤箱下層烤約50分鐘。

06 自烤箱取出，不需脫模直接放涼即可。

將檸檬皮、檸檬汁加入麵糰中，讓完成品更具檸檬的風味與酸味。

加入罌粟籽攪拌，讓口感帶有顆粒感，更添層次。

將麵糰放入烤模後，在上方中央撒上罌粟籽。

質地輕盈，加入杏仁粉香氣十足
再撒上糖霜就成了雪球餅乾！

含醣量
（3個）
1.0g

餅乾球
Ball Cookies

材料（1個10g約18個份）

豆漿豆渣粉…40g

杏仁粉…30g

奶油(無鹽)…60g

羅漢果S…40g

事前準備

・奶油拿出冰箱恢復至室溫溫度。

・烤箱預熱至150°C。

・在料理盤（或料理盆等）上鋪上包鮮膜。

作法

01 將奶油放入攪拌盆，以打蛋器攪拌，加入羅漢果S繼續攪拌。

02 將豆漿豆渣粉、杏仁粉混合後，透過篩網先篩入盆中，以刮杓攪拌，再將麵糰分成1個10g的大小(若麵糰太軟，可放入冰箱冷藏1小時使其冷卻變硬)。

03 將10g的麵糰揉成球狀，排放在料理盤，放入冰箱冷藏約15分鐘使其變硬固定形狀。

04 將麵糰放到鋪好烘焙紙的烤盤上，每球間需空出間隔，放入烤箱中層烤約20分鐘，並於烤箱中放涼即可。

為了讓每顆麵糰的大小一致，可用電子秤測量10g。揉成球狀時力道輕柔即可，不要過度用力擠壓。

Cocoa Muffin

Plain Muffin

用豆漿取代牛奶，大大減醣
最適合拿來拜訪親友、家居派對

原味瑪芬
Plain Muffin

材料（直徑7cm的瑪芬烤模6個份）

- 大豆粉…60g
- 泡打粉…1小匙

奶油(無鹽)…60g

雞蛋(L尺寸)…1顆

蛋黃(L尺寸)…1顆份

豆漿…40ml

羅漢果S…40g

香草油…少許

事前準備

・烤箱預熱至160°C。

・將烘烤紙模放入瑪芬烤模中。

・奶油拿出冰箱恢復至室溫溫度。

作法

01 將奶油放入攪拌盆，以打蛋器攪拌，加入羅漢果S繼續攪拌，再加入香草油，攪拌。

02 將大豆粉、泡打粉混合後，透過篩網先篩入1/3的量至盆中，再加入1/2量的打散蛋汁及蛋黃，以打蛋器攪拌。

03 同02加入1/3量的粉類及剩下的蛋汁以刮杓稍作攪拌後，加入剩餘的粉類與豆漿，攪拌。最後再以刮杓從攪拌盆底部向上翻攪。

04 將麵糰平均放入瑪芬烤模中，放入烤箱下層烤約30～35分鐘。

05 從烤箱中取出，不需脫模直接放涼即可。

Arrange

可可瑪芬 Cocoa Muffin

材料（直徑7cm的瑪芬烤模6個份）

- 大豆粉…30g
- 可可粉…20g
- 泡打粉…1小匙

奶油(無鹽)…60g

雞蛋(L尺寸)…1顆

蛋黃(L尺寸)…1顆份

豆漿…40ml

羅漢果S…40g

香草油…少許

事前準備

・與原味瑪芬相同。

作法

與原味瑪芬相同，唯02的粉類需將大豆粉、可可粉、泡打粉一起混合後篩入盆中。

粉類與可可粉混合後篩入盆中。

用湯匙將麵糰均等地放入放有紙模的瑪芬烤模中。

滿溢奶油香氣的烤甜點。
檸檬皮讓風味更加倍

含醣量
（1個）
1.6g

瑪德蓮
Madeleine

材料（瑪德蓮烤模6個份）

┌ 大豆粉…40g
└ 泡打粉…1/2小匙
檸檬(日本產)皮刨屑…1顆份
奶油(無鹽)…60g
雞蛋(M尺寸)…1顆
羅漢果S…40g
香草油…少許

事前準備

・烤箱預熱至160°C。
・在烤模內側塗上一層奶油（材料分量外須另備），再將高筋麵粉（材料分量外須另備）以濾茶網等灑入烤模中。

作法

01　將奶油放入耐熱料理盆中，包上保鮮膜放入微波爐加熱30秒～1分鐘使其溶化。可關注其變化，分段慢慢加熱。

02　將蛋打入另一個攪拌盆中，用打蛋器打散，加入羅漢果S攪拌，再加入香草油，攪拌。

03　將大豆粉、泡打粉混合後，透過篩網篩至盆中，再加入檸檬皮屑，攪拌。

04　加入01的溶化奶油，攪拌。

05　用湯匙等將麵糰放入烤模中，放入烤箱中層烤約20分鐘。

06　從烤箱中取出後，立刻以竹籤等將瑪德蓮從烤模中取出、放涼。

在烤模上塗上奶油，再用濾茶網等撒上高筋麵粉，多餘的麵粉需篩掉。

將檸檬皮刨屑後加入，檸檬風味讓口感更有層次。

烤好的瑪德蓮需立刻從烤模中取出，若無法順利取出，可用竹籤沿邊緣將瑪德蓮抬起，幫助作業。

滋味豐盈卻備感爽口
多汁的藍莓讓人意猶未盡!

藍莓 · 杏果蛋糕
Blueberry Almond Cake

材料（直徑18cm、底部可拆活動式烤模1個份）

杏仁粉…100g

冷凍藍莓… 160g
檸檬汁…1大匙
羅漢果S…30g
果膠…5g

奶油(無鹽)…70g

雞蛋(L尺寸)…2顆

豆漿…50ml

羅漢果S…60g

香草油…少許

事前準備

· 將藍莓、檸檬汁、羅漢果S30g、果膠混合，放置約30分鐘直至出水。
· 烤箱預熱至160°C。
· 在烤模底部鋪上剪成同烤模圓形的烘焙紙。
· 奶油拿出冰箱恢復至室溫溫度。
· 將雞蛋的蛋白與蛋黃分離。

作法

01 將藍莓及汁液一起放入耐熱容器內，包上保鮮膜，放入微波爐加熱約3～4分鐘後取出放涼。

02 將奶油放入攪拌盆，以打蛋器攪拌，加入香草油繼續攪拌，再加入蛋黃，攪拌。

03 加入豆漿，將杏仁粉透過篩網篩入盆中，攪拌。

04 取另外一個攪拌盆，加入蛋白，以手持攪拌器攪拌至呈鬆軟白色泡沫後，將60g的羅漢果S分2次加入，繼續攪拌至白色泡沫呈直立尖角，做出完美蛋白霜。

05 將04的蛋白霜分3次加入03中，每次加入都用打蛋器攪拌，最後再以刮杓從攪拌盆底部向上翻攪。

06 將麵糊放入烤模中，表面整理平整，放入烤箱下層烤約30分鐘後先行取出，並以湯匙的背面將蛋糕中央部分向下壓出直徑約12～13cm的凹槽，將01放入凹槽中，再放入烤箱烤約30分鐘。

07 從烤箱中取出放涼。可依喜好在藍莓以外的部分撒上糖霜。

將藍莓放入微波爐加熱時，若同時加有果膠，可讓形狀更易塑型。

混合奶油、杏仁粉、豆漿，再將蛋白霜分3次加入，可讓口感更輕盈。

將烤到一半的麵糊取出，在中央處以湯匙背面向下壓出圓形凹槽。

將加熱後放涼的藍莓放入凹槽中，再次放入烤箱續烤就大功告成。

焦香奶油的風味讓人上癮
使用蛋白製成的溼軟紮實烤甜點

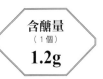
含醣量
（1個）
1.2g

費南雪
Financier

材料（費南雪烤模7個份）

┌ 杏仁粉…30g
│ 大豆粉…20g
└ 泡打粉…1/2小匙

奶油(無鹽)…60g

蛋白(L尺寸)…2顆份(60g)

羅漢果S…40～50g

*嗜甜者羅漢果S可使用50g。

事前準備

・烤箱預熱至160°C。

・在烤模內側塗上一層奶油（材料分量
外須另備），再撒上薄薄一層高筋麵粉
（材料分量外須另備）。

作法

01 將奶油放入小鍋以中火加熱，直至淡咖啡色後，關火放
涼。

02 將蛋白放入攪拌盆，加入羅漢果S以打蛋器攪拌，再以
篩網篩入杏仁粉、大豆粉、泡打粉，攪拌。

03 將01加入02中，攪拌。

04 將麵糰放入烤模中，表面整理平整，放入烤箱中層烤約
20分鐘後取出，以抹刀等立即將費雪南從烤模中取
出、放涼。

用中火加熱直至奶油呈淡
咖啡色（榛果色）。當鍋
中劈哩劈哩的聲音消失
時，即是將轉為淡咖啡
色，準備關火的時機了。

將溶化的奶油加入麵糰，
這香氣十足的奶油就是美
味的關鍵。

麵糰放入烤模後，可用湯
匙的背側沿烤模的邊緣來
回劃過，使表面更平整。

圓形、方形，依喜好千變萬化
還可打造多種專屬口味

含醣量
（3片）
3.2g

冰盒餅乾
Icebox Cookies

材料（約40片）

豆漿豆渣粉…40g
杏仁粉…30g
泡打粉…1/2小匙
雞蛋(L尺寸)…1顆
蛋白(L尺寸)…1顆份
奶油(無鹽)…50g
羅漢果S…50g
香草油…少許
鹽…1小撮

口味
　杏仁…20g
　黑芝麻…適量
　白芝麻…適量

事 前 準 備

・烤箱預熱至150°C。
・奶油拿出冰箱恢復至室溫溫度。
・杏仁切碎。
・在烤盤上鋪上烤箱用烘焙紙。

作 法

01 將奶油放入攪拌盆，以打蛋器攪拌，加入羅漢果S後攪拌。

02 加入鹽、香草油繼續攪拌，將豆漿豆渣粉、杏仁粉、泡打粉混合後，透過篩網篩入盆中，再加入打散的蛋汁，以刮杓攪拌至所有食材整合在一起。

03 將麵糰集中成一球，放至砧板上，將豆漿豆渣粉作為手粉(材料分量外須另備)，把麵糰搓揉成長約30cm的長棒狀，用保鮮膜包起，放至冷凍庫靜置約1小時使其變硬冷卻。

04 從保鮮膜中取出，切成4等份，其中3份沾裹蛋白，並在外側分別沾黏上杏仁、黑芝麻、白芝麻，並將4份全切成厚約7mm的片狀，依間隔放置於烤盤上。

05 放入烤箱中層烤約18～20分鐘，烤至色澤呈現金黃色後取出，放涼。

以豆漿豆渣粉作為手粉，將麵糰搓揉成長約30cm的長棒狀。

可依喜好在表面撒上芝麻等喜歡的食材。需要沾黏多少種口味，就需準備多少蛋白。

在此使用了杏仁、白芝麻、黑芝麻等3種口味。沾黏杏仁時可稍微輕壓，較不容易散掉。

顆粒大小不一的燕麥香氣逼人
十足美式風格

燕麥餅乾
Oatmeal Cookies

材料（7片）

豆漿豆渣粉…20g
泡打粉…1/2小匙
燕麥…60g
奶油(無鹽)…70g
蛋黃(L尺寸)…1顆份
豆漿…1大匙
羅漢果S…30g
香草油…少許

事前準備

・烤箱預熱至150°C。
・奶油拿出冰箱恢復至室溫溫度。
・在烤盤上鋪上烤箱用烘焙紙。

作法

01　將奶油放入攪拌盆，以打蛋器攪拌，加入羅漢果S繼續攪拌，再加入香草油，攪拌。

02　加入蛋黃、豆漿，繼續攪拌。

03　將豆漿豆渣粉、泡打粉混合後，透過篩網篩入盆中，以刮杓攪拌至呈黏稠狀。

04　加入燕麥攪拌後，將麵糰分成約30g的扁平圓形狀，取間隔放置於烤盤上。

05　放入烤箱中層烤約25分鐘，直至色澤呈現淡咖啡色。

06　將整個烤盤取出，直接在烤盤上放涼。

最後再加入燕麥。燕麥富含膳食纖維、維他命、礦物質，相當營養。

將麵糰稍微揉成球狀，再壓扁成圓形，放置於烤盤上。

31

偏硬的酥脆口感讓人雀躍。
適合搭配咖啡一同品嚐的甜點

義大利脆餅
Biscotti

材料（長6～8cm、寬1～1.5cm大小　20～24片份）

杏仁粉…30g
大豆粉…70g
泡打粉…2小匙
烘焙杏仁果…60g
雞蛋(L尺寸)…1顆
蛋黃(L尺寸)…1顆份
沙拉油(菜籽油、米油等)…2大匙
羅漢果S…40g
香草油…少許
*沙拉油也可用橄欖油取代

事前準備

・烤箱預熱至160°C。

作法

01　將雞蛋與蛋黃放入攪拌盆，以打蛋器打散，加入沙拉油、香草油、羅漢果S仔細攪拌。

02　將杏仁粉、大豆粉、泡打粉混合後，透過篩網篩入盆中，以刮杓攪拌。

03　麵糰呈黏稠狀後，加入杏仁果攪拌，以大豆粉(材料分量外須另備)作為手粉，將麵糰取出放於砧板上稍微搓揉，並將麵糰揉成28×5～6cm大小的海參狀。

04　將麵糰放置於鋪好烘焙紙的烤盤上，放入烤箱中層烤約30分鐘後先取出，用菜刀斜切成厚約1～1.5cm的片狀。

05　將切片的麵糰排列於烤盤上，再次放回烤箱以120°C烤約30分鐘，之後直接於烤箱內放涼。

●之後放入夾鏈保鮮袋中保存。

麵團攪拌至一定程度後，可直接用手搓揉，整合形狀。

以大豆粉作為手粉，在砧板上搓揉成海參狀。

揉成海參狀後，放置於烤盤上。

烤至一半時將麵糰取出，斜切成厚1～1.5cm的片狀，平鋪於烤盤上再次放入烤箱續烤。

讓人愉悅的偏硬義式麵包
帶有鹹味也可當成下酒菜

義大利麵包棒
Grissini

材料(長約25cm 5～6根份)

┌ 大豆粉…40g
└ 泡打粉…1/2小匙
加工起司…80g
豆漿…60ml
羅漢果S…15g
鹽…1/4小匙

事前準備

・烤箱預熱至150°C。
・在烤盤上鋪上烤箱用烘焙紙。

作法

01 將起司放入耐熱料理盆，再倒入豆漿將起司淹沒，包上保鮮膜，放入微波爐加熱1分鐘，直至起司融化發出波波聲。

02 用打蛋器攪拌，再加入羅漢果S、鹽繼續攪拌，將大豆粉、泡打粉混合後，透過篩網篩入盆中，攪拌。

03 將麵糰分成5等份，把其中1份放至砧板上(其他的麵糰則以保鮮膜包起)揉捏、拉長麵糰成直徑1～1.5cm、長約25cm的棒狀後，放置於烤盤上。其餘4等份也相同作法。

04 放入烤箱中層烤約10分鐘後，將溫度調降至130°C，再烤20～30分鐘

05 從烤箱中取出。若喜歡吃偏硬口感，可直接放置於烤箱中放涼。

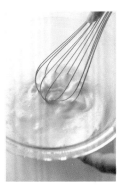

放入耐熱盆時，起司需完全浸在豆漿中。以微波爐加熱後，需攪拌至起司完全溶化。

將麵糰分成5等份，揉成長約25cm的棒狀。其他的麵糰需用保鮮膜包起以防乾燥。

DOMU PRACUJÍCÍCH
Prahy v Praze 7, Bubenská 1

3

DOMU PRACUJÍCÍCH
Prahy v Praze 7, Bubenská 1

2

PRACUJÍCÍCH
7, Bubenská 1

1

CENA:

減醣飲食的早餐就選它吧！
也可以加上打發的鮮奶油當作點心享用

含醣量
（1個）
4.3g

司康
Scone

材料（直徑5.5cm的環狀蛋糕模約6個份）

茅屋起司…120g

蛋黃(L尺寸)…1顆份

大豆粉…110g

泡打粉…2小匙

奶油(無鹽)…30g

羅漢果S…30g

(非必要)豆漿或牛奶…少許

事前準備

・烤箱預熱至180°C。

・將茅屋起司與蛋黃混合、攪拌。

・將奶油切丁成7～8mm大小，冷藏。

作法

01 將大豆粉、泡打粉混合後，透過篩網篩入攪拌盆中，加入奶油、羅漢果S，用麵糰切刀等工具以下切的方式攪拌，直到麵糰呈鬆軟狀(還留有些許顆粒、不平整狀也無妨)。

02 加入混合了蛋黃的茅屋起司，用刮刀攪拌。將麵糰集中在一起，用手搓揉後，壓成厚約2～3cm的片狀，再以塗有大豆粉(材料分量外須另備)的環狀蛋糕模壓出形狀，放到冷凍庫中使其冷卻變硬。

03 將司康排列於鋪好烘焙紙的烤盤上，若手邊有豆漿，可用刷毛將豆漿塗在司康上，再放入烤箱中層，烤約15分鐘。當表面顏色變深，將烤箱溫度調降至150°C，再烤30～40分鐘。

用麵糰切刀等工具以下切的方式攪拌粉類與奶油，也可同時用手揉捏，讓麵糰呈鬆軟狀。

揉捏麵糰時，先用麵糰切刀將麵糰切成兩半，分別揉捏後再合而為一，不斷重覆此一過程，烤出來的司康會更有層次。

將塗有大豆粉的環狀蛋糕模壓到拉成扁平狀的麵糰上，切出司康的形狀。

在上方塗上豆漿可讓司康烤得更有光澤，也可使用少量的牛奶代替。

減醣也可以做出這種層級！

絕品起司蛋糕

手作甜點中，人氣居高不下的起司蛋糕，
不論是放入烤箱的香烤起司蛋糕，還是直接冷卻的生乳酪蛋糕，
都美味得讓人難以相信是減醣甜點。

香烤起司蛋糕
Baked Cheesecake

含醣量
（1/6 切片）
1.9g

材料（直徑15cm、底部可拆活動式烤模1個份）

奶油起司…200g

原味優格…70g

蛋黃(L尺寸)…2顆份

蛋白(L尺寸)…2顆份

豆漿豆渣粉…20g

羅漢果S… 60g

香草油或香草精…少許

檸檬汁…1又1/2大匙

事前準備

・烤箱預熱至160ºC。

・將烘焙紙剪成符合烤模的圓形，放置於烤模底部。烤模
側邊上方約2～3cm處塗上奶油或沙拉油（材料分量外須
另備），並將表面光滑的烤箱用烘焙紙剪成寬約5cm的
環狀，貼至烤模側邊2～3cm處（露出約2～3cm），如圖
{A}。

・用保鮮膜包覆奶油起司，放入微波爐（弱）加熱約2～3
分鐘，加熱到一半時需翻面，直到可輕鬆用手指按壓的程
度，如圖{B}。

A

B

01

將奶油起司放入攪拌盆，以打蛋
器攪拌，加入20g的羅漢果S，
仔細攪拌。

02

依序加入蛋黃、優格、香草油、
檸檬汁後繼續攪拌，再透過篩網
篩入豆漿豆渣粉，攪拌。

03
在別的料理盆中放入蛋白，以
手持攪拌器打發至呈綿密泡
沫，將40g的羅漢果S分成2次
放入，每次加入都持續打發，
直至蛋白霜可呈尖角。

05
最後再以刮杓從攪拌盆底部向
上翻攪，讓麵糊混合均勻。

07
把表面整理平整，放入烤箱下
層烤50～60分鐘。

04
將03分成3次依序放入02中，
每次放入都需持續攪拌。

06
將麵糊放入烤模中。

08
從烤箱中取出，立即將黏貼於
烤模側邊的烘焙紙取下，若無
法輕鬆取下，可插入抹刀輔
助，注意不要讓蛋糕破損。稍
微放涼後就可移至冰箱冷藏3
小時以上冷卻。

用茅屋起司打造瑞可達起司風味
清爽輕盈的口感吃再多也不膩

含醣量
（1/6切片）
2.5g

松子起司蛋糕
Pine Nuts Cheesecake

材料（直徑15cm、底部可拆活動式烤模1個份）

茅屋起司…200g

松子…40g

蛋黃(L尺寸)…3顆份

蛋白(L尺寸)…2顆份

大豆粉…40g

羅漢果S… 70g

奶油(無鹽)…30g

鹽…1/3小匙

檸檬汁…2大匙

香草油…少許

事前準備

・烤箱預熱至160°C。

・奶油拿出冰箱恢復至室溫溫度。

・同P40的香烤起司蛋糕，準備並黏貼好
　烤模與烘焙紙。

作法

01　將茅屋起司放入攪拌盆，以打蛋器攪拌後依序加入20g
　　的羅漢果S、奶油、鹽、蛋黃(1次1顆)、檸檬汁、香草
　　油，每加入1次食材都要持續攪拌。

02　透過篩網篩入大豆粉，攪拌。

03　在別的料理盆中放入蛋白，以手持攪拌器打發至呈綿密
　　泡沫，將50g的羅漢果S分成2次放入，每次加入都持續
　　打發，直至蛋白霜可呈尖角。

04　將03分成3次依序放入02中，每次放入都持續攪拌，最
　　後再以刮杓從攪拌盆底部向上翻攪。

05　將麵糊放入烤模中，在上方撒滿松子，放入烤箱下層烤
　　50～60分鐘，若烤到一半快要烤焦，可將溫度調降至
　　140～150°C。

06　烤好後從烤箱取出，立即取下側邊的烘焙紙，稍微放涼
　　後放入冰箱冷藏庫，冷卻3小時以上。

以打蛋器攪拌茅屋起司，
攪拌至滑順後，加入羅漢
果S。

加入檸檬汁，增添清爽口
感。

將麵糰放入烤模後，將松
子撒滿整個表面。

只要冷卻凝固即可
立刻完成入口即化的極品甜點

含醣量
（1個）
2.8g

生乳酪蛋糕
Unbaked Cheesecake

材料（100～120ml的玻璃杯6～7個份）

奶油起司…200g

原味優格…300g

羅漢果S…80g

檸檬汁…1小匙

明膠粉…5g

（依喜好添加）柑橘、藍莓、香芹…適量

事前準備

‧將奶油起司放入耐熱料理盆，包覆保鮮
膜，放入微波爐（弱）加熱約2～3分
鐘，使其變軟。

作法

01 用打蛋器攪拌奶油起司，加入羅漢果S，攪拌。

02 加入優格持續攪拌，接著加入檸檬汁再攪拌。

03 將明膠粉撒入50ml的熱水中，攪拌使其溶化。

04 將03分多次依序倒入02中，攪拌直至滑順狀。

05 麵糊以篩網篩入容器(杯子)中，放入冰箱冷藏庫冷卻3
小時以上使其凝固。

06 品嚐時可依喜好加入柑橘、藍莓、香芹等作為裝飾。

將明膠粉加入熱水中溶化。
注意，若是將熱水倒入明
膠粉內會較難以溶化。

將優格加入變軟的奶油起
司中，打造清爽的口感。

麵糊完成後，一定要記得
過篩網篩入容器中。使口
感更細緻。

草莓的風味與顏色是最佳調味。
使用冷凍果泥一整年都能製作

含醣量
(1/8切片)
4.4g

草莓生乳酪蛋糕
Strawberry Unbaked Cheesecake

材料（約13.5×15cm的盆狀果凍模盤1個份）

草莓果泥…200ml

奶油起司…200g

鮮奶油…50ml

羅漢果S…80g

檸檬汁…2小匙

明膠粉…7g

(依喜好添加)草莓(裝飾用)…適量

事前準備

· 將明膠粉撒入2大匙水中，輕輕攪拌使
  其吸水變軟。

· 將奶油起司用保鮮膜包裹，放入微波爐
  （弱）加熱2～3分鐘使其變軟。

作法

01　將奶油起司放入攪拌盆，以打蛋器攪拌，加入羅漢果S，攪拌。

02　加入草莓果泥150ml、檸檬汁，攪拌。

03　將50ml的草莓果泥放入加水的明膠中，以保鮮膜包覆，放入微波爐加熱約1分鐘，使明膠溶化。若尚未溶化可再增加些許加熱時間。

04　將03加入02中攪拌，用篩網過篩。

05　用打蛋器將鮮奶油打發至八分，加入04中，攪拌。

06　放入模具後，置於冰箱冷藏庫冷卻3小時以上使其凝固。可依喜好放上草莓做裝飾，享用時可切片品嚐。

●要從模具中取出時，可用熱水沾濕的毛巾蓋至外側，略為溶化後更方便取出。

草莓果泥

冷凍草莓果泥不但比新鮮草莓顏色更鮮豔，在一般的甜點食材店都能買到。

將草莓果泥加入奶油起司與羅漢果S混合的盆中，攪拌。

將草莓果泥加入加水明膠內，再一同用微波爐加熱。

最適合送禮！

減醣巧克力甜點

情人節想贈送巧克力的對象正在節食？
這時不可或缺的就是手作減醣巧克力了。
不用擔心發福，可以放鬆盡情品嚐的美味。

入口即化的口感令人陶醉。
吃完後意外地爽口

含醣量
（1/10 份）
3.5g

豆漿生巧克力
Soy Milk Ganache

材料（10～12×10～12cm的模具1個份）

巧克力(可可比例80%以上)…80g

豆漿…80ml

奶油(無鹽)…30g

羅漢果S…30g

(非必要)西式洋酒(萊姆酒、白蘭地等)

…1/2小匙

可可粉(無糖)…2大匙

抹茶…2大匙

黃豆粉…2大匙

糖粉…4小匙

*食譜中使用可可比例88%的巧克力。

作法

01　將巧克力放入攪拌盆，放到已關火的隔水加熱之熱水鍋中。

02　把豆漿、羅漢果S放入耐熱的刻度量杯中，放入微波爐加熱約1分鐘，產生氣泡後再用打蛋器仔細攪拌，直至羅漢果S溶化。

03　將02淋到01中，攪拌到巧克力完全溶化，呈滑順狀後才能從鍋中取出。

04　加入奶油後繼續攪拌，再加入西式洋酒，攪拌到呈滑順狀後便可放入模具中，將表面整理平整後，放入冰箱冷藏庫冷卻3～4小時至一晚。

05　從模具中取出，用菜刀切成自己喜歡的大小，再分別撒上可可粉、抹茶、黃豆粉等。

事前準備

・在模具中鋪上符合形狀尺寸的烘焙紙。

・在小鍋中加入隔水加熱用的熱水，並煮至沸騰。

・奶油拿出冰箱恢復至室溫溫度。

・分別在抹茶、黃豆粉中撒入2小匙的糖粉，混合攪拌。

巧克力用隔水加熱的方式溶化，此一階段尚未完全溶化也不要緊。

用加熱的豆漿讓羅漢果S溶化，維持高溫狀態加入巧克力中，讓巧克力完全溶化。

把紙盒當成模具，鋪上烘焙紙一樣可以完成。把溶化的巧克力倒入模具中。

將冷卻凝固後的巧克力切塊，依喜好撒上抹茶、可可粉、黃豆粉等。

濃郁的黑巧克力風味適合成熟的大人
只要攪拌、香烤就能打造完成度超高的美味

含醣量
(1/10 份)
2.5g

布朗尼・巧克力
Chocolate Brownies

材料（18×18cm的方型模具1個份）

巧克力(可可比例80%以上/
　本食譜使用88%巧克力)…80g

┌ 大豆粉…30g
└ 泡打粉…1/2小匙

奶油(無鹽)…60g

熱水…80ml

羅漢果S…80g

雞蛋(L尺寸)…1顆

蛋黃(L尺寸)…1顆份

核桃…50g

事前準備

・烤箱預熱至160°C。
・奶油拿出冰箱恢復至室溫溫度。
・在模具中抹上一層奶油（材料分量外另
　計），鋪上烘焙紙（參考P15方式）
・將核桃大致切碎。

作法

01 將巧克力、奶油、羅漢果S、熱水80ml放入耐熱料理盆後，放入微波爐加熱約1分30秒，加熱時需一面注意不要讓巧克力焦掉，最後再用打蛋器攪拌。

02 加入雞蛋與蛋黃，攪拌。

03 將大豆粉及泡打粉混合後，用篩網篩入，攪拌。

04 加入核桃，以刮杓攪拌後，放入模具中，將表面整理平整，放入烤箱中層烤約20分鐘後取出。

05 直接放置在模具中放涼，再切成自己喜歡的形狀。

巧克力與奶油等食材一同放入微波爐加熱。若使用可可比例高的巧克力，就能打造出大人風味的苦甜巧克力。

加入雞蛋1顆與蛋黃1顆份，蛋黃能打造出口感豐盈的布朗尼。

溫潤又溫和的口感
不同於布朗尼・巧克力的風味

含醣量
（1/9 切片）
1.4g

布朗尼・可可亞
Cocoa Brownies

材料（18×18cm的方型模具1個份）

可可粉…20g

大豆粉…30g
泡打粉…1/2小匙

奶油(無鹽)…60g

雞蛋(L尺寸)…2顆

羅漢果S…70g

核桃…50g

事前準備

・烤箱預熱至160°C。

・奶油拿出冰箱恢復至室溫溫度。

・在模具中抹上一層奶油（材料分量外另計），鋪上烘焙紙。

・將核桃大致切碎。

・將60ml熱水倒入可可粉中溶化、放涼。

作法

01　將奶油放入攪拌盆中，以打蛋器攪拌，加入羅漢果S後繼續攪拌。

02　將雞蛋打散，先放入1/2分量，再用篩網將大豆粉、泡打粉篩入1/3分量，攪拌。依序重覆以上順序1次。

03　將剩下的粉類篩入，同時加入溶化的可可粉液，攪拌。

04　加入核桃，以刮杓攪拌後，放入模具中，將表面整理平整，放入烤箱中層烤約20～25分鐘後取出。

05　直接放置在模具中放涼，再切成自己喜歡的形狀。

將熱水加入可可粉中，直到溶化呈滑順狀。　將溶化的可可粉倒入麵糊中，攪拌。

微苦的巧克力打造出濃郁綿密的口感超迷人！
再依喜好搭配減醣鮮奶油品嚐

黑巧克力蛋糕
Gâteau au Chocolat

材料（直徑15cm的底部可拆活動式圓形烤模1個份）

巧克力(可可比例88%巧克力)…80g

蛋黃(L尺寸)…2顆份

蛋白(L尺寸)…2顆份

豆漿豆渣粉…20g

羅漢果S…70g

沙拉油…60ml

事前準備

・準備直徑15cm的底部可拆活動式圓形
　烤模，鋪上烘焙紙。

・將巧克力仔細切碎。

・烤箱預熱至160°C。

作法

01　將巧克力、20g的羅漢果S、沙拉油放入盆中，倒入
　　100ml的熱水，放置片刻等巧克力溶化後，用打蛋器攪
　　拌。

02　加入蛋黃攪拌，再用篩網篩入豆漿豆渣粉，繼續攪拌。

03　將蛋白放入另一個料理盆中，以手持攪拌打發直至鬆軟
　　泡狀，將50g的羅漢果S分2次放入，每次加入都要持續
　　攪拌，直至蛋白霜可呈尖角。

04　將03分3次加入02的盆中，以打蛋器攪拌，最後再用刮
　　杓從底部向上翻攪後倒入模具中。放上烤盤後放入烤箱
　　下層烤約20分鐘，接著將溫度調降至140°C，再烤20
　　分鐘後從烤箱取出，從模具中取出放涼。

●依喜好可取鮮奶油100ml，加入15g的羅漢果S，打發至七～八
　分後，搭配切片的黑巧克力蛋糕一起享用。

將熱水加入巧克力、羅漢
果S、沙拉油中，就算不
使用奶油也可打造出濃郁
口感。

加入蛋黃攪拌。蛋白則打
發成蛋白霜。

將蛋白打發至可呈尖角的
蛋白霜，分3次加入，每
次加入都要持續攪拌。

加入蛋白，以打蛋器攪拌
後，再換成刮杓由底部向
上翻攪，讓麵糊攪拌均
勻。

能做成一大塊隨意分食、也可做成迷你尺寸
繽紛堅果打造可愛巧克力

含醣量
（1/8 份）
1.7g

蒙地安巧克力
Mendiant

材料（15～17×20～23cm的方型料理盤模具1個份）

巧克力（可可比例70～80%以上）…50g
自己喜歡的堅果數種
（核桃、杏仁、腰果、夏威夷豆、開心果
等）…約30g
*本食譜使用了5種堅果

事前準備

・在小鍋中加入隔水加熱用的熱水，並煮
至沸騰。
・在料理盤上鋪上烘焙紙。

作法

01　將巧克力放入攪拌盆中，放到已關火的隔水加熱之熱水
　　鍋上，溶化巧克力。

02　在別的盆中放入冷水，將01的攪拌盆底部浸至冷水中，
　　以刮杓攪拌，當稍呈黏稠狀且出現光澤時，就可倒至料
　　理盤上。

03　用刮杓或抹刀將溶化的巧克力平鋪於料理盤上，並全面
　　撒上堅果，直接放涼（夏季等氣溫較高時，可放至冰箱
　　冷藏庫中冷卻）。

一口大小的球狀尺寸製作方法
將01的溶化巧克力放入擠花袋中，尖端用剪刀剪一缺口，將巧克
力呈球狀擠出至烤箱用烘焙紙上，再放上堅果，以常溫或冷藏冷
卻。

將溶化的巧克力倒至料理
盤上，並用刮杓或抹刀推
開、鋪平。

依喜好將數種堅果平均放
置在巧克力上，以常溫或
冷藏冷卻。

親手做出經典巧克力
堅果是可以安心品嚐的低醣食材

含醣量
（1顆）
2.2g

堅果巧克力
Nuts Chocolate

材料（易製作的分量）

巧克力(可可比例80%以上)…100g

自己喜歡的堅果數種

(核桃、杏仁、腰果、夏威夷豆、開心果
等)…約50g

事前準備

・在小鍋中加入隔水加熱用的熱水，並煮
至沸騰。

・在料理盤上鋪上烘焙紙。

作法

01 將巧克力放入攪拌盆中，放到已關火的隔水加熱之熱水
鍋上，溶化巧克力。

02 以刮杓攪拌至滑順狀後，將盆底部浸至冷水中，繼續攪
拌，當稍呈黏稠狀且出現光澤後，再依喜好加入堅果，
充分與巧克力攪拌、混合在一起，再用湯匙舀起一口大
小。

03 將02放置於料理盤上，直接放涼(夏季等氣溫較高時，
可放至冰箱冷藏庫中冷卻)。

將裝有溶化巧克力的料理
盆底部浸於冷水中，稍呈
黏稠狀且出現光澤後，再
加入堅果。

用2支湯匙舀起充分與巧
克力混合的堅果，取約一
口大小的分量，放於料理
盤上。

Wrapping 情人節或是需要贈送小禮物時
超可愛巧克力甜點包裝法

豆漿生巧克力的包裝

質地偏軟的生巧克力，還是最適合放置於盒內。
將巧克力依盒子大小切成適合的分量，
就能完美地放於盒內。

A

包裝法

01　準備附有蓋子的紙盒，在盒中鋪上蠟紙，並將蠟紙露出
　　盒子較長兩邊，露出分量需可反折蓋住盒面的長度，如
　　圖 {A}。

02　將色彩不同的繽紛生巧克力排放至盒中，將露出的蠟紙
　　向中間左右折入，蓋住巧克力，再蓋上盒蓋，可依喜好
　　綁上麻繩等。

堅果巧克力的包裝

贈送小禮物
或想分送給眾人時,
這種輕便小包裝再適合不過了。

包裝法

01 依喜歡的顏色、圖案選擇蠟紙,切成約25×20cm大小,
鋪平後將約可橫放3顆堅果巧克力大小的蠟紙放置於大
片蠟紙的中央。

02 在中央的小蠟紙上排放上堅果巧克力,如圖 {A},再將
下方的大片蠟紙如包裹糖果的方式包起。

●想包得更牢固,可在中央小蠟紙的下方放入同樣大小的硬紙。

黑巧克力蛋糕的包裝

不用準備盒子也能完美包裝，
快來學學圓形蛋糕的包裝法吧！
送出整塊蛋糕令對方印象深刻！

包裝法

01 準備直長約70cm的烘焙紙，鋪平於桌面，在中央
　　放上與黑巧克力蛋糕相同大小的硬紙。

02 將黑巧克力蛋糕放於硬紙上，如圖{A}，再將烘焙
　　紙前後各折起2～3cm寬，如圖{B}，接著以包裹牛
　　奶糖的方式，左右向中折，背面以膠帶固定。

03 可依喜好繞上2圈繩子、打結，再將卡片等夾於繩
　　子下方、或插上裝飾牌等。

A　　　　　　　　B

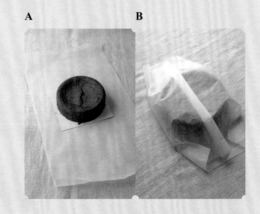

布朗尼的包裝

相當適合作為禮品的巧克力烤點心。
就算只品嚐1片也能帶來滿足感，
現在就來介紹1片的包裝法！

A

包裝法

01 準備約25×20cm大小的直長玻璃紙，將切塊布朗尼
放置於中央，把玻璃紙向中捲起，用膠帶固定，如圖
{A}。為方便大家參考，本書使用藍色膠帶示範，一般
建議使用透明膠帶。

02 將尚未折起的玻璃紙以包裝牛奶糖般包起，背面以膠帶
固定。

03 綁上麻繩等喜歡的裝飾後貼上貼紙。

不用烤箱超便利！
超簡單減醣甜點

用平底鍋就能完成的超滑嫩極品布丁、
微波爐簡單做出的鬆軟蒸蛋糕，
輕鬆就能完成的減醣甜點，味道卻一點也不馬虎。

用平底鍋輕鬆打造滑嫩口感，
充滿豆漿風味的健康布丁

豆漿布丁
Soy Milk Pudding

材料（100ml的布丁杯5杯份）

豆漿…300ml

雞蛋(L尺寸)…1顆

蛋黃(L尺寸)…2顆份

羅漢果S…40g

香草油…少許

事前準備

・在直徑約26cm的平底鍋或一般鍋子
　中，放入可覆蓋住布丁杯一半高度的
　水，水煮沸後轉為小火，保持溫度。

作法

01　將雞蛋與蛋黃放入攪拌盆中，用打蛋器仔細攪拌。

02　加入羅漢果S繼續攪拌，再放入香草油，攪拌。

03　將豆漿放入鍋中，煮沸後一點一點地加入02中，攪拌。

04　布丁液透過篩網，均等地倒入布丁杯中。

05　平底鍋轉為大火，再次沸騰後關火，將04排放於平底鍋
　　內，用鋁箔紙蓋住所有布丁杯，再蓋上鍋蓋。

06　就此放置約20～30分鐘，若表面依然呈液體狀，則再
　　開火把水煮沸後關火，接著蓋上鍋蓋放置10分鐘。等
　　表面凝固、乾燥後，就可從鍋中取出，稍放涼後放入冰
　　箱冷藏庫冷卻2～3小時。

將混合的布丁液透過篩網
篩入時，可以先篩入設有
導口的容器中，可更輕鬆
地倒入布丁杯裡。

煮沸平底鍋內的水後關
火，將布丁杯排放其中，
熱水需浸至布丁杯一半的
高度。

在布丁杯上蓋上鋁箔紙及
鍋蓋，用火的熱度慢慢加
熱，打造出滑嫩口感。

用牛奶打造豐潤口感，
即便不使用高醣的焦糖也一樣美味！

使用平底鍋

含醣量
（1個）
2.2g

牛奶布丁
Milk Pudding

材料（100ml的布丁杯4杯份）

雞蛋(L尺寸)…1顆

蛋黃(L尺寸)…2顆份

牛奶…210ml

羅漢果S…50g

香草油…少許

事前準備

· 直徑約26㎝的平底鍋或一般鍋子中，
放入可覆蓋住布丁杯一半左右高度的
水，水煮沸後轉為小火，保持溫度。

作法

01　將雞蛋與蛋黃放入攪拌盆中，用打蛋器攪拌。

02　加入羅漢果S繼續攪拌，再放入香草油，攪拌。

03　將牛奶放入鍋中，煮沸後一點一點地加入02中，攪拌。

04　透過篩網，均等地倒入布丁杯中。

05　平底鍋的火轉為大火，再次沸騰後關火，將04排放於平底鍋內，用鋁箔紙蓋住所有布丁杯，再蓋上鍋蓋。

06　就此放置約20～30分鐘，若表面依然呈液體狀，則再開火把水煮沸後關火，接著蓋上鍋蓋放置10分鐘。等表面凝固、乾燥後，就可從鍋中取出，稍放涼後再放入冰箱冷藏庫冷卻2～3小時。品嚐時，可依喜好搭配打發鮮奶油等一起享用。

將雞蛋、蛋黃、羅漢果S
混合攪拌，再把煮沸的牛
奶一點一點地加入，攪
拌。

鬆軟的口感
讓人怎麼吃都不膩

鬆 餅
Pan Cake

材料（直徑10～11cm約6片份）

┌ 大豆粉…120g
└ 泡打粉…2小匙
雞蛋(L尺寸)…1顆
豆漿…200ml
羅漢果S…60g
香草油…少許
鹽…1/4小匙

事 前 準 備
· 準備無弧度的盤子與約6張廚房紙巾。

作法

01　將雞蛋於盆中打散，加入羅漢果S，用打蛋器攪拌。

02　加入香草油、鹽繼續攪拌，再放入1/2分量的豆漿，攪拌。

03　將大豆粉與泡打粉透過篩網篩入，攪拌。

04　加入剩下的豆漿，攪拌至食材全都融為一體。

05　將直徑15cm的平底鍋以中火加熱後，放到濕抹布上放涼，再以小火加熱。

06　在平底鍋內放入適量的奶油(材料分量外須另備)，溶化後用紙巾輕輕擦拭，用湯杓舀起一瓢04，呈圓形倒入鍋中煎烤。

07　當表面出現些許凹洞，可用鍋鏟稍微掀起鬆餅確認背面的顏色後翻面。煎好後取出，放置於鋪有紙巾的盤子上，上方再蓋上一紙巾。重複此一步驟烤好6片鬆餅。

08　堆疊擺放於餐盤上，依喜好搭配奶油(材料分量外須另備)等品嚐。

將豆漿分2次倒入，仔細攪拌直至融為一體。

平底鍋加熱後，先放至濕抹布上降溫一次。

將麵糊呈圓形倒入平底鍋內，當表面出現凹洞，就可用鍋鏟掀起，確認背面的色澤。

溶化的奶油營造豐潤口感
減少配料、或改為減醣食材就沒問題

使用平底鍋

含醣量
（1片）
2.1g

可麗餅
Crêpe

材料（直徑16cm約10片份）

大豆粉…70g

雞蛋(L尺寸)…1顆

豆漿…250ml

羅漢果S…30g

香草油…少許

奶油(無鹽)…20g

(依喜好添加)葡萄柚、香芹、糖粉
…皆適量

事前準備

・將奶油放入耐熱容器、包上保鮮膜，放入微波爐（弱）一面觀察狀況一面加熱約30〜50秒，使之溶化。

・準備無弧度的盤子與10張左右的廚房紙巾。

・把雞蛋和豆漿拿出冰箱恢復常溫。

作法

01 將雞蛋於盆中打散，加入羅漢果S、香草油，用打蛋器攪拌。

02 放入1/2分量的豆漿繼續攪拌，再將大豆粉透過篩網篩入，攪拌。

03 加入剩下的豆漿，攪拌至食材全都融為一體。

04 加入溶化的奶油，攪拌。

05 將直徑15cm的平底鍋以中火加熱後，放到濕抹布上放涼，再以小火加熱。

06 在平底鍋內放入適量的奶油(材料分量外須另備)，溶化後用紙巾輕輕擦拭，用湯杓舀起一瓢04，以鋪滿整個平底鍋的方式倒入麵糊煎烤。

07 當表面開始乾燥，周邊略脆，便可用竹籤從周邊插入掀起，翻面。

08 再煎約30秒就可從鍋中取出，放至鋪有紙巾的盤子上，再於上方放上紙巾，重複此一動作直至烤好10片。

09 取2〜3片，折成4折，放至餐盤上，再依喜好撒上糖粉、放上葡萄柚、香芹等品嚐。

將放入微波爐加熱溶化的奶油加至麵糊中。

用湯杓舀起一瓢麵糊倒入平底鍋中，畫圓擺動讓麵糊擴展至整個平底鍋。

表面乾燥、周邊略脆後，就可用竹籤等從邊緣掀起，用手翻面。

加入芝麻油和醬油打造中華料理風味
剛蒸好趁熱品嚐最美味

馬拉糕風味蒸麵包
Chinese Steamed Bread

材料（直徑13cm的蒸籠1個份、
或是直徑7cm的布丁杯6杯份）

┌ 大豆粉…60g
└ 泡打粉…2小匙

雞蛋(L尺寸)…2顆

沙拉油…1大匙

芝麻油…1大匙

醬油…1大匙

羅漢果S…50g

豆漿…1大匙

事前準備

・在蒸籠內鋪上烤箱用烘焙紙。

・將蒸籠放至熱水上，煮沸熱水，再以中
　火持續加熱。

・先將蒸籠蓋以毛巾包裹起來。

作法

01　將雞蛋放於盆中，以打蛋器打散。

02　加入羅漢果S繼續攪拌，再加入醬油、沙拉油、芝麻
　　油、豆漿，攪拌。

03　將大豆粉及泡打粉以篩網篩入，攪拌後倒入蒸籠中。

04　放入蒸煮器後蓋上蒸籠蓋以中火蒸30分鐘，以竹籤刺
　　入，拔出後若無沾黏任何麵糊，就可起鍋。

●沒有蒸籠也可用耐熱容器取代。若沒有吃完，可用保鮮膜包起
　後放入冰箱冷凍庫保存，要享用時直接包著保鮮膜放入微波爐
　加熱後即可。

也可以在放有紙模的布丁杯中蒸熟。
若以豆漿取代醬油、沙拉油取代芝麻
油，即可做出原味蒸麵包。

在蒸籠中鋪上烘焙紙，手
指沿著內側邊緣按壓使烘
焙紙服貼於蒸籠。

以醬油、芝麻油作為提味
加入麵糊中，打造適合作
為輕食的風味。

將蒸籠放入會釋放蒸氣的
蒸煮器中，為了不讓蒸氣
效果打折，用毛巾包裹蒸
籠蓋，效果更佳。

Bonjour!

超簡單的小點心就是它！
注意不要過度加熱，不然會變硬

使用微波爐

含醣量
（1個）
2.6g

微波蒸麵包
Steamed Bread

材料（直徑5～6cm的瑪芬烤模4個份）

┌ 大豆粉…50g
└ 泡打粉…1小匙
雞蛋(L尺寸)…1顆
豆漿…60ml
羅漢果S…30g
沙拉油…1大匙
香草油…少許

作法

01 將雞蛋放於盆中，以打蛋器打散，加入羅漢果S，攪拌。

02 加入沙拉油、香草油、豆漿攪拌，再將大豆粉及泡打粉以篩網篩入，攪拌。

03 將麵糊倒入瑪芬烤模至一半高度，不需包上保鮮膜，直接放入微波爐加熱2分鐘，等表面呈現乾燥狀即可取出。若表面依然呈濕潤鬆軟狀，則再加熱30秒。

將沙拉油加入混合了雞蛋與羅漢果S的盆中。沙拉油可讓完成品添加紮實濕潤的風味。

也能改用紙製的瑪芬模。麵糊只需倒入紙模一半的高度即可。

義大利每年 2 月舉辦的嘉年華會絕對少不了它

義大利油炸小脆餅 Chiacchiere

使用平底鍋

含醣量
（3個）
2.6g

材料（約23個份）

- 大豆粉…90g
- 泡打粉…2小匙

雞蛋(L尺寸)…1顆
蛋黃(L尺寸)…1顆份
羅漢果S…40g
鹽…1小撮
萊姆酒…1大匙
橄欖油…1大匙
油炸用油…適量
(依喜好添加)糖粉(裝飾用)…少許

作法

01　將雞蛋與蛋黃混合放於盆中，以打蛋器攪拌，加入羅漢果S，攪拌。

02　加入鹽繼續攪拌，再加入萊姆酒、橄欖油，攪拌。

03　將大豆粉及泡打粉以篩網篩入，用刮杓稍微攪拌後取出放置於砧板等上，撒上薄薄一層高筋麵粉(材料分量外須另備)，用手搓揉至滑順狀，再用擀麵棒推成厚約2～3mm的薄片。

04　用波浪狀的切刀將麵糰切成菱形，每塊中央也稍微切一缺口。

05　將油炸用油倒入平底鍋用中火加熱，先放入04麵糰的碎屑，直至麵糰屑浮起(約170°C)，便可放入切塊的麵糰，油炸至比金黃色再深一點的色澤時便可起鍋。依喜好撒上薄薄糖粉品嚐。

麵糰撒上高筋麵粉，在砧板搓揉直至滑順狀。

用手掌壓平麵糰，再以擀麵棒推成厚2～3mm的薄片。

用波浪狀的切刀斜切成寬約5cm、一口大小的菱形狀。

中央也切一個約1cm的缺口，放入170°C的熱油炸至呈深色金黃色。

鹽味且減醣，也可作為下酒小菜

碎堅果黃豆粉
Nuts With Soybean Flour

含醣量
（1/4份）
1.4g

材料

依喜好準備堅果(杏仁、核桃、腰果、夏威夷豆等)
…50～60g
黃豆粉…1又1/2大匙
天然鹽…1/4小匙

作法

將黃豆粉與鹽混合，撒在堅果上。

飯後甜點來一客！

冰鎮低醣類甜點

不論是滑嫩好入口的果凍、水羊羹，
還是口感豐潤的牛奶凍、冰淇淋，
冰鎮的美味減醣甜點一字排開。

利用簡單食材打造精緻和菓子風味甜點
琥珀色澤來自於羅漢果 S

洋菜琥珀豆腐
Tofu Agar

材料（6×10×高5～6cm的保存容器2個份）

絹豆腐…一塊

羅漢果S…70g

寒天粉(可用熱水溶化)…2g

作法

01　將寒天倒入400ml的熱水中，用打蛋器混合攪拌，使之完全溶化(如果無法完全溶化而留有殘渣，可放入微波爐加熱30秒～1分鐘，觀察狀況直至完全溶化)。

02　將羅漢果S加入**01**中，攪拌直至溶化。

03　將**02**分別倒入2個容器中，約1cm高，放置於常溫中。

04　將豆腐切成厚7mm～1cm、比容器小一圈的大小。

05　等**03**凝固後，將切好的豆腐放在上方，再將**02**的液體倒入，直至完全蓋過豆腐。稍微放置等液體開始凝固後，再放上另一塊豆腐，並倒入液體。

06　放置於常溫中，凝固後再放入冰箱冷藏庫中，約2小時冷卻凝固。

07　切成厚2～3cm，裝盛在餐盤中享用。

●其中一個容器也可以直接使用市售豆腐原本的盒子。

| 在容器中倒入約1cm高的寒天液體，放於常溫中凝固。 | 放入一塊切好的豆腐，再倒入寒天液體直至豆腐浸泡其中，就此放置等待其凝固。 | 再放上一塊豆腐，倒入剩下的寒天液體，凝固後放入冰箱中冷藏。 |

使用杏仁奶達到減醣
鮮奶油打造濃醇奶香

含醣量
（1/8 份）
0.5g

法式奶凍
Blanc-mange

材料（20×10×6cm的容器1個份）

杏仁奶…200ml

鮮奶油…100ml

羅漢果S…20g

明膠粉…5g

香草油…少許

作法

01　將明膠粉撒入50ml熱水中，用打蛋器攪拌使之溶化，再加入羅漢果S，一樣攪拌使其溶化。

02　加入杏仁奶、香草油，攪拌。

03　將02的料理盆浸入冰水中，持續攪拌直至黏稠狀並冷卻。

04　在別的料理盆中加入鮮奶油，用打蛋器打發至七分後，再加入03中混合、攪拌。

05　倒入容器中，放至冰箱冷藏3小時以上，待其凝固冷卻。

06　用湯匙舀起裝盛於餐盤上分食、享用。

把溶化的明膠和羅漢果S攪拌均勻後，加入醣類比牛奶低的杏仁奶。

將料理盆浸至冰水中，攪拌至呈黏稠狀並冷卻。

加入打發至七分（奶油可拉出條紋狀，用打蛋器可拉起部分並彎曲）的鮮奶油。

氣泡口感讓人雀躍
爽口清涼的甜點

含醣量
（1個）
0.9g

薑汁汽水風味汽水凍
Soda Pop Jelly

材料（150ml的玻璃杯6杯份）

氣泡水(碳酸偏強)…500ml

薑粉…適量

羅漢果S…100g

檸檬汁…3大匙

明膠粉…10g

事前準備

· 將明膠粉撒入4大匙的水中，輕輕攪拌
　使其吸收水份。

作法

01　將羅漢果S加入100ml的熱水，用打蛋器攪拌使之溶化。

02　將加水的明膠加入01中，溶化後放涼至體溫的溫度。

03　將02放入大容量的量杯等容器中，緩緩加入氣泡水，小
　　心不要起泡，用湯匙等輕輕攪拌後，再移至可密封的容
　　器中，蓋上蓋子，放入冰箱冷藏3～5小時，使其冷卻、凝
　　固。

04　裝盛於餐盤、食器中，品嚐前可撒上薑粉。

注意不要讓氣泡水起泡，
需輕緩地倒入。移至密封
容器後再放入冰箱冷卻，
氣泡就不會跑掉。

Black Tea Jelly

Oolong Tea Jelly

Coffee Jelly

最適合吃完油膩料理後品嚐

烏龍茶凍 Oolong Tea Jelly

材料（200ml的玻璃杯4杯份）

烏龍茶茶包…3包

羅漢果S…50g

明膠粉…5g

(依喜好添加)薄荷葉…適量

作法

01　將烏龍茶茶包放入430ml的熱水中，浸泡約3分鐘後取出茶包。

02　將明膠粉撒入01中，用打蛋器仔細攪拌，溶化後再加入羅漢果S，攪拌。

03　整體溶化後，稍微放涼再倒入容器中，放入冰箱冷藏約3小時，使之冷卻、凝固。品嚐時可依喜好加上薄荷葉。

紅茶使用伯爵茶，香味更濃郁

紅茶凍 Black Tea Jelly

材料（200ml的玻璃杯4杯份）

紅茶茶包（伯爵茶）…3包

羅漢果 S…50g

明膠粉…5g

(依喜好添加) 無花果…適量

作法

01　將伯爵茶茶包放入430ml的熱水中，浸泡約3分鐘後取出茶包。

02　將明膠粉撒入01中，用打蛋器仔細攪拌，溶化後再加入羅漢果S攪拌。

03　整體溶化後，稍微放涼再倒入容器中，放入冰箱冷藏約3小時，使之冷卻、凝固。品嚐時可依喜好加上無花果。

滑嫩的Q彈口感Good!

咖啡凍 Coffee Jelly

材料（150ml的玻璃杯6杯份）

即溶咖啡…7g

羅漢果S…50g

明膠粉…5g

(依喜好添加)鮮奶油…適量

作法

01　在耐熱容器中加入500ml的熱水，再撒入明膠粉，用打蛋器仔細攪拌，溶化後再加入羅漢果S和咖啡粉攪拌。

02　整體溶化後，稍微放涼再倒入容器中，放入冰箱冷藏約3小時，使之冷卻、凝固。品嚐時可依喜好加上打發的鮮奶油。

將明膠加入熱水中溶化。注意，若是將熱水倒入明膠內會較難以溶化。

羅漢果S和咖啡粉一加入熱水都會馬上溶化，接下來只要使其冷卻凝固就完成了，超簡單。

微苦的抹茶風味
清爽品嚐

抹茶豆漿羊羹
Green Tea Soy milk Agar

材料（80ml的果凍模具5個份）

豆漿…300ml

抹茶…1大匙

羅漢果S…80g

寒天粉…2g

事前準備

・取2～3大匙的豆漿，加入抹茶仔細攪
拌使其溶化。

作法

01　將豆漿放入鍋中，加入寒天粉，一面開火加熱一面用打
蛋器攪拌。

02　等豆漿煮沸後關成小火，再攪拌約1～2分鐘後關火，
加入羅漢果S使其溶化。

03　加入抹茶，仔細攪拌使其溶化，再透過濾茶網篩入模具
中(若使用之篩網洞較大，會殘留顆粒狀)。

04　稍微放涼後，放入冰箱冷藏庫放置約2小時使其冷卻、
凝固。

取出部分豆漿，加入抹茶
攪拌溶化。

加入溶化的抹茶，仔細攪
拌讓整體均勻溶化。使用
網洞較小的濾茶網，成品
會更滑嫩。

使用卡路里減半的紅豆泥
達到減醣效果

含醣量
（1/10 切片）
4.0g

紅豆餡水羊羹
Soft Adzuki-bean Jelly

材料（約13.5×15cm的盒狀果凍模盤1個份）

紅豆泥(卡路里減半種類)150g
羅漢果S…40g
寒天粉(可溶於熱水)…2g

作法

01　將寒天粉撒入300ml的熱水中，以打蛋器攪拌使之溶化（若無法完全溶化，可放入微波爐中加熱30秒～1分鐘直至完全溶化）。

02　將羅漢果S加入01中，攪拌使其溶化。

03　將紅豆泥放入料理盆中，一點一點地加入02，混合攪拌。

04　倒入盒狀果凍模盤中，先置於常溫中待凝固後，放至冰箱冷藏約2小時，使其冷卻凝固。切成喜歡的形狀分食、品嚐。

將寒天粉撒入熱水中攪拌，使其溶化，若無法完全溶化，則放入微波爐中加熱。

打發的鮮奶油讓冰淇淋即便冷凍也不會變硬
加入豆漿讓口感更清爽

含醣量
（1/8 份）
1.3g

豆漿冰淇淋
Soy Milk Ice Cream

材料（17×11×高5.5cm的容器1個份）

豆漿…250ml

蛋黃(L尺寸)…3顆份

鮮奶油…100ml

羅漢果S…80g

明膠粉…3g

香草油…少許

事前準備

・將明膠粉撒入1大匙的水中，稍微攪拌、吸收水份。

・將容器放入冷凍庫中冷卻。

作法

01　將蛋黃放入攪拌盆中，加入40g的羅漢果S，以打蛋器攪拌。

02　將豆漿與40g的羅漢果S放入鍋中，一面開火加熱、一面攪拌，煮沸前關火。

03　將02一點一點地加入01中，攪拌後再放回鍋中。

04　小火加熱的同時以打蛋器攪拌，等到開始起泡、呈黏稠狀便可離開火源。加入加水的明膠，攪拌使之溶化。

05　加入香草油後攪拌，再透過篩網篩入容器中，放涼。

06　將鮮奶油打發至八分，加入05中混合攪拌，再放入容器中，蓋上蓋子放至冷凍庫冷凍5〜6小時使其冷卻、凝固。

●品嚐時若太硬，可先放置在常溫中片刻後再品嚐。

將煮沸的豆漿一點一點地加入混合了羅漢果S的蛋黃中，攪拌。

將加入豆漿的蛋黃液放入鍋中，以小火加熱至起泡、呈黏稠狀，再加入明膠，使其溶化。

以篩網過篩。

加入打發至八分的鮮奶油，攪拌混合後加入有蓋子的容器中，放入冷凍庫冷卻、凝固。

帶有酒香的大人味甜點，適合飯後或用餐時換換口味

義式紅酒冰沙 Red Wine Shaved Ice

含醣量
（1/6 份）
0.5g

材料（易製作的分量）

紅酒…150ml

羅漢果S…80g

檸檬汁…2小匙

（依喜好添加）藍莓…適量

作法

01　將100ml熱水放入鍋中煮沸，加入羅漢果S，以打蛋器攪拌使之溶化，再加入紅酒與檸檬汁，攪拌後放涼。

02　放入冷凍用保鮮袋中，將袋口封起，平放於料理盤等無弧度的金屬製品上方，再放入冷凍庫中約半天時間。

03　品嚐前先從冰箱取出放置於常溫中，再用手掰開或是以叉子刮起，放置於食器中，可依喜好加上藍莓等品嚐。

將紅酒加入開火煮沸的熱水中，讓酒精成分稍微揮發，吃來更順口。

將紅酒液體倒入保鮮袋時，可將袋子放在有深度的容器中，能更輕鬆地倒入。

冷凍後可用手從袋外掰開，再分裝於食器中品嚐。

奇異果的酸味打造清爽口感
義式奇異果冰沙 Kiwi Shaved Ice

含醣量
（1/6 份）
3.7g

材料（易製作的分量）

奇異果(大顆)…2〜3顆

羅漢果S…50g(小朋友的話可使用60g)

(依喜好添加)奇異果(裝飾用)、

薄荷葉…皆適量

作法

01　將奇異果兩端切除、剝皮，直切成4等分，不使用中間的白色部分。

02　將50ml的水與羅漢果S放入耐熱容器中，用微波爐加熱約1分鐘使之沸騰，再以湯匙攪拌，放涼至體溫程度。

03　以果汁機將01打成果泥狀，加入02混合攪拌，再放入冷凍用保鮮袋中，將袋口封起，平放於料理盤等無弧度的金屬製品上方，再放入冷凍庫中約半天時間。

04　取出後可用手掰開、或是以叉子刮起，放置於食器中，可依喜好加上奇異果切片或薄荷葉等品嚐。

將奇異果剝皮、去除白色部分後的，以果汁機打成泥狀。

若沒有果汁機，可用磨泥器等將奇異果磨成泥狀。

含醣量索引

94

零罪惡感的減醣甜點
原著名＊安心素材で太らない おいしすぎる糖質オフ スイーツ

作　者＊石橋かおり
譯　者＊李衣晴

2020 年 7 月 20 日　一版第 1 刷發行

發 行 人＊岩崎剛人
總 編 輯＊呂慧君
編　　輯＊黎虹君
美術設計＊李曼庭
印　　務＊李明修（主任）、張加恩（主任）、張凱棋

台灣角川

發 行 所＊台灣角川股份有限公司
地　　址＊105 台北市光復北路 11 巷 44 號 5 樓
電　　話＊（02）2747-2433
傳　　真＊（02）2747-2558
網　　址＊http://www.kadokawa.com.tw
劃撥帳戶＊台灣角川股份有限公司
劃撥帳號＊19487412
法律顧問＊有澤法律事務所
製　　版＊鴻友印前數位整合
Ｉ Ｓ Ｂ Ｎ＊978-957-743-890-4

ANSHIN SOZAI DE FUTORANAI OISHISUGIRU TOSHITSU OFF SWEETS
©Kaori Ishibashi 2019
First published in Japan in 2019 by KADOKAWA CORPORATION, Tokyo.
Complex Chinese translation rights arranged with KADOKAWA CORPORATION, Tokyo.

國家圖書館出版品預行編目資料

零罪惡感的減醣甜點 / 石橋かおり作；李衣晴譯 .
-- 一版 . -- 臺北市：臺灣角川，2020.07
　面；　公分
譯自：安心素材で太らないおいしすぎる糖質オ
フスイーツ
ISBN 978-957-743-890-4(平裝)

1. 點心食譜

427.16　　　　　　　　　　　　　　109006796